AF312548

VILLE DE PARIS.

PONTS ET CHAUSSÉES.

SERVICE MUNICIPAL

DES

TRAVAUX PUBLICS.

SERVICE DES EAUX & ÉGOUTS.

MÉMOIRE

SUR LA

Distribution d'Eau de Source

DANS PARIS

PARIS

IMPRIMERIE TYPOGRAPHIQUE ET LITHOGRAPHIQUE DE JULES-JUTEAU ET FILS, RUE SAINT-DENIS, 341.

1864

MÉMOIRE

SUR LA

DISTRIBUTION D'EAU DE SOURCE

DANS PARIS

PARIS

IMPRIMERIE TYPOGRAPHIQUE ET LITHOGRAPHIQUE DE JULES-JUTEAU ET FILS, RUE SAINT-DENIS, 341.

1864

MÉMOIRE

DISTRIBUTION D'EAU DE SOURCE

DANS PARIS

Déjà trois projets de distribution d'eau de source ont été présentés à l'Administration.

Le premier, qui comprenait aussi la construction des égouts, n'a pas été approuvé parce qu'il entraînait dans des dépenses trop grandes (135.000.000 fr.), et qu'il exigeait la reconstruction immédiate de tous les égouts existants, opération inexécutable.

Le deuxième projet a dû être abandonné lorsqu'on a arrêté les grands percements nouveaux.

Il en a été de même du troisième, dont il a été rendu un compte succinct dans le Mémoire de M. le Préfet de la Seine, en date du 16 juillet 1858.

L'annexion des plateaux élevés de Montrouge, Montmartre et Belleville ne permettait plus de faire une distribution complète avec des eaux dérivées à l'altitude 83^{m}50. On le reconnut si bien qu'on résolut de dériver d'abord une des sources que la ville possède, celle de la Dhuis, dont les eaux peuvent atteindre la cote 108.

Cette source et celles qu'on peut y réunir donneront 40,000 mètres cubes d'eau, c'est-à-dire les 2/5 de ce qu'on pensait dériver d'abord. Il est évident qu'il faudra un certain temps pour en faire la distribution, et qu'ainsi, pendant quelques années, l'eau de la dérivation de la Dhuis suffira à toutes les exigences du service privé.

Le projet de distribution de l'eau destinée au service privé doit être basé non-seulement sur l'étendue des quartiers à desservir, mais encore sur la densité de la population.

Le premier projet de distribution était basé sur une hypothèse inadmissible, suivant nous. On supposait que l'eau serait distribuée proportionnellement à la surface des différents quartiers de la ville, sans tenir aucun compte de la densité de la population. En ne considérant même que l'ancien Paris, il ne nous paraît pas possible d'admettre qu'il ne faudra pas plus d'eau dans le quatrième arrondissement, qui compte 920 habitants par hectare, que dans le huitième, qui n'en compte que 189.

On peut dire, à la vérité, que les quartiers peu populeux se bâtiront, et que le nombre d'habitants s'accroîtra proportionnellement à leur surface; mais cela n'est pas exact, car il est bien certain que jamais la population des quartiers excentriques ne se développera comme celle du quartier du Temple ou même du Panthéon; la petite maison anglaise avec du jour, de l'air et de l'espace, tend, dans le nouveau Paris, à se substituer à la grande maison parisienne. On peut admettre du moins que de longtemps les petits hôtels de Passy, d'Auteuil, des Ternes, etc., ne céderont leurs jardins à la spéculation; la classe ouvrière elle-même qui se porte à la circonférence dans d'autres quartiers, à Charonne, Ivry, Montrouge, etc., paraît, là aussi, donner la préférence à la petite maison. Enfin les fabriques qui s'établissent plus particulièrement sur la rive gauche du canal Saint-Martin, à la Villette, à Grenelle, etc., ne consommeront guère d'eau de source.

Mais quel que soit l'avenir réservé à ces quartiers excentriques, il sera toujours facile de donner à la distribution la puissance nécessaire, en coupant le réseau des petites conduites par de nouvelles artères maîtresses. Dans les percements nouveaux qui formeront une voie de ceinture au milieu de la zone suburbaine, il sera construit une galerie assez grande pour recevoir une conduite maîtresse de premier ordre.

Ce nouveau projet de distribution d'eau de source a donc été dressé en tenant compte, dans chaque quartier, de la densité actuelle de la population, mais en réservant la possibilité de doubler et même de tripler la puissance des petites conduites lorsque le développement de la population l'exigera.

Le projet s'applique à la distribution de 100,000 mètres cubes d'eau de source; et d'après ce qui vient d'être dit, il sera facile d'augmenter ce volume sans modifier notablement le réseau des conduites.

La densité de la population des vingt arrondissements de Paris.

Le tableau suivant donne la densité de la population des vingt arrondissements de Paris.

Tableau N° 1

POPULATION PAR ARRONDISSEMENT EN 1861.

ARRONDISSEMENTS	POPULATION CIVILE	SURFACE EN HECTARES	DENSITÉ DE POPULATION
1er arrondissement.	89,549	142	630
2e "	81,609	105	777
3e "	99,116	111	893
4e "	108,520	118	920
5e "	107,754	227	475
6e "	95,931	203	473
7e "	72,965	355	205
8e "	69,814	369	189
9e "	107,326	205	524
10e "	113,571	280	405
11e "	125,718	360	349
12e "	65,748	495	133
13e "	56,798	540	107
14e "	52,594	442	119
15e "	56,041	645	87
16e "	36,728	580	63
17e "	75,228	392	192
18e "	106,356	479	222
19e "	76,445	512	149
20e "	70,060	458	153
Total. . . .	1,667.841		
Garnison. . .	28,300		
Total général.	1,696.141		

Nous supposerons, d'après ce tableau, qu'il s'agit de répartir **100,000** mètres cubes d'eau entre **1,700,000** habitants, soit en nombre rond, 60 litres par tête.

La distribution se divisera en *service bas*, *service haut* et *service de machines*. (*Voir* la carte n° **1.**)

Le service bas comprendra presque tout l'ancien Paris, sauf sur la rive

— 6 —

droite une zône étroite rapprochée des anciennes barrières, et sur la rive
gauche le plateau du Panthéon et le sommet du promontoire boulevart
de l'Hôpital. Il s'étendra en outre dans la nouvelle ville sur le territoire
d'Auteuil, de Grenelle et d'une partie de celui d'Ivry et de Bercy.

Le *service haut* comprendra tout le reste du territoire de la ville, sauf
les parties élevées des buttes Montmartre et de Saint-Chaumont.

Les plateaux de Montmartre et de Belleville qui ne peuvent être
atteints par les eaux coulant en vertu de la gravité, seront alimentés par
des machines.

Nous ne nous occuperons ici que des *services haut* et *bas*.

Provisoirement, toute la distribution, haute et basse, sera faite comme
on l'a dit ci-dessus, au moyen des eaux de la Dhuis ; plus tard, lorsque
cette dérivation sera devenue insuffisante, ses eaux seront réservées pour
le service haut ; le service bas sera alimenté par une autre dérivation.

Les eaux de la Dhuis qui serviront à faire la première distribution,
s'emmagasineront dans le réservoir de Ménilmontant à l'altitude 108.
Nous supposerons que les eaux de l'autre dérivation alimenteront les
bassins de Belleville dont le déversoir sera fixé, comme au projet de la
Somme-Soude, à l'altitude 83ᵐ50.

SERVICE HAUT

Étendue de la surface à desservir.


```
Rive droite, à l'ouest du bassin de la Villette  . . . . . .  1,780 hect.
   »          à l'est        »         »         . . . . . .    750
                                              ________
                              Total. . . . .  2,530
Rive gauche . . . . . . . . . . . . . . . . . . . . . . . .  1,130
                                              ________
                          Surface totale. . . . .  3,660 hect.
```

POPULATION.

Densité par hectare de la population.

```
Rive droite, à l'ouest du bassin de la Villette . . . . . .  169 hab.
   »          à l'est        »         »         . . . . . .  135
Rive gauche. . . . . . . . . . . . . . . . . . . . . . . . .  150
```

Nombre d'habitants.

```
Rive droite, à l'ouest du bassin de la Villette. .  1,780 × 160 = 284,800
              à l'est. . . . . . . . . . . . . . .    750 × 135 = 101,250
Rive gauche. . . . . . . . . . . . . . . . . . . .  1,130 × 150 = 169,500
Population totale du service haut . . . . . . . . . . . . . .   555,550
```

Si l'on ajoute à cette population celle des plateaux élevés d'une surface de 403 hectares qui recevront l'eau par des machines, soit 403 × 102
= 40.703, on trouve que le nombre total d'habitants distraits du service
bas est de 596.253, soit environ le tiers de la population totale de Paris.

D'après cela le service haut et celui des machines prendront le tiers de l'eau dérivée, soit 33,000 mètres.

Ce volume sera lui-même divisé de la manière suivante, proportionnellement à l'importance des populations.

Service des machines 1/10 de l'eau, soit 3,000 mètres cubes.

Service haut, 9/10, soit 30,000 mètres.

Et enfin ce dernier volume sera réparti ainsi qu'il suit :

A l'ouest du bassin de la Villette. 15,000
A l'est 5.000
Sur la rive gauche 10,000

Un réseau complet de conduites de distribution pour le service privé a été récemment cédé à la ville de Paris, dans la zône suburbaine, par la Compagnie générale des eaux. Ces conduites sont de trop petit diamètre pour que le service soit fait autrement que par le robinet de jauge ; comme elles s'étendent sur presque toute la superficie du service haut, nous supposerons que la distribution continuera à y être faite comme aujourd'hui, au moyen du robinet de jauge et du réservoir.

Si le robinet de jauge pouvait fonctionner d'une manière complétement régulière, il est clair que le débit de l'eau serait constant, ce qui permettrait de réduire considérablement le diamètre des conduites maîtresses.

Mais cette hypothèse n'est pas admissible, d'une part, parce que la plupart des réservoirs particuliers sont remplis avant la fin de la nuit, et, d'autre part, parce que certains grands établissements exigeront la délivrance de l'eau par un autre mode que le robinet de jauge.

Nous admettrons donc que la distribution s'opérera comme si tous les robinets de jauge étaient fermés de dix heures du soir à six heures du matin, soit pendant 8 heures, ou, en d'autres termes, comme si les 30,000 mètres cubes du service haut devaient se distribuer d'une manière complétement régulière en 16 heures, ou, en nombre rond, en 60,000 secondes.

Qu'on remarque bien que cette hypothèse n'engage pas l'avenir. On verra plus loin que la distribution des quartiers hauts comporte partout une double ligne de conduites maîtresses ; une seule branche sera d'abord suffisante, et, lorsqu'on établira la deuxième, il sera facile de tenir compte des exigences nouvelles en augmentant les diamètres. Lorsque les conduites de 0^m054 de la zône annexée seront remplacées par des conduites de 0^m10, c'est-à-dire lorsque les égouts seront construits, la distribution d'appartement à robinet libre pourra y être faite comme dans le reste de Paris.

Dans les calculs qui suivent nous supposerons .

Le service haut fonctionnera d'abord, comme aujourd'hui le service d'eau de Seine, avec le robinet de jauge et le réservoir.

Mais plus tard le robinet libre pourra y être admis comme dans le service bas.

Détermination des bases qui séparent le service haut du service des machines et du diamètre des conduites maîtresses du service haut.

1° Que les pertes de charge dans les petites conduites de distribution du service haut, et dans les maisons, est une constante de 5 mètres seulement, en raison du robinet de jauge qui diminue beaucoup cette perte de charge (1).

2° Que la ligne des abcisses de la courbe des pressions est horizontale et au niveau de la mer.

3° Que la hauteur au-dessus du sol des étages les plus élevés à desservir est de 19 mètres, et que cette constante, 19 mètres, doit être retranchée de l'ordonnée de la courbe des pressions, au point de distribution, pour avoir l'altitude du sol des maisons à la limite du service haut.

4° Que la dérivation de la Dhuis donnant beaucoup plus d'eau qu'il n'en faut pour le service haut, le réservoir supérieur sera toujours plein et se déchargera par un déversoir dans le réservoir du service bas.

Première partie située à l'ouest du bassin de la Villette : La ligne de de séparation des services haut et des machines est à Montmartre, à l'altitude 72ᵐ86.

Service direct du bassin de Ménilmontant par la conduite de 1 mètre de la chaussée Ménilmontant, et par les deux conduites de diamètres variables des boulevarts extérieurs et du grand égout qui longera le chemin de fer de ceinture. (Voir la carte n° 1.)

Tableau N° 2

DONNANT LES ALTITUDES MAXIMUM DU SOL A DESSERVIR.

D = 0ᵐ60.	LONGUEUR du tronçon de conduite maîtresse.	VOLUME D'EAU RESTANT A DISTRIBUER.		PERTE DE CHARGE		ORDONNÉE de la courbe des pressions diminuée de la constante 5 mètres.	ALTITUDE MAXIMUM	
		TOTAL.	Litres par 1″	par kilomètre.	pour la longueur du tronçon.		du sol des maisons qui peuvent être desservies.	reste du sol à desservir
Départ du réservoir de Ménilmontant. .	»	»	»	»	0	103,00	84,00	"
Arrivée au boulevart extérieur, vers le bassin de la Villette.	3,000.	15,000.	250	2,10	6,30	96,70	77,70	moindre
D 0,50 + D 0,40) — D 0,60.								que
De là a la limite du 19ᵉ arrondissement. .	500	15,000.	250	2,10	1,05	95,65	76,65	76,65
De là a la limite du 10ᵉ — . .	1,100	13,627.	227	1,71	4,88	93,77	74,77	l'altitude de Montmartre dépassée
De là a la limite du 18 — . .	1,800	10,813.	180	1,06	1,91	91,86	72,86	72,86
D 0,40 — D 0,35 — D 0,50.								
De là a l'ancienne barrière Monceaux. .	900	6,726.	112	1,05	0,95	90,91	71,91	beaucoup
De là a la place de l'Étoile	19,000	3,646.	61	0,15 réduit à 1 2.	0,29	90,62	71,62	plus petite que
2 D 0,30 — D 0,40.								
De là à la barrière des Batailles.	1,700	"	61	0,45	0,77	89,85	70,85	70,85

(1) Nous supposons que la perte de charge dans les petites conduites publiques est une constante de 3ᵐ33, ce qui réduit à 1ᵐ67 la perte de charge dans la conduite privée, hypothèse très-admissible avec le robinet de jauge.

Ces calculs font voir que la ligne de séparation du service haut et des machines, doit être tracé autour de Montmartre à l'altitude 72^{m}86. A partir du bassin de la Villette, on ne posera d'abord que la conduite de 0^{m}50 des boulevarts extérieurs. L'autre conduite, qui plus tard sera posée dans le grand égout parallèle au chemin de fer de ceinture, devrait avoir 0^{m}40 de diamètre si la population restait stationnaire.

Mais comme il est bien certain que la population se développera rapidement, et que le réseau actuel de conduites de 0^{m}054 sera peu à peu remplacé par un réseau de conduites de 0^{m}10, nous avons admis une conduite trois fois plus puissante, c'est-à-dire de 0^{m}60 de diamètre. Cette deuxième ligne, qui ne sera pas immédiatement nécessaire, doublera à peu près la puissance de la distribution.

Il est clair que dans cette partie de la ville le service pourra être fait directement par le réservoir de Ménilmontant avec une perte de charge qui, à la limite des services haut et des machines, sera celle que nous avons admise pour les petites conduites publiques et privées, c'est-à-dire de 5 mètres ; cette limite a donc été tracée à l'altitude 84 mètres. (*Voir* la carte.)

On voit, sur la carte, qu'une des lignes maîtresse du réservoir de Ménilmontant se prolonge avec le diamètre de 0^{m}80 jusqu'à l'ancienne barrière de Ménilmontant. Dans les calculs qui suivent nous supposerons qu'à partir de là elle se divisera en deux conduites de 0^{m}60. L'une des branches suivra la rue d'Austerlitz, l'autre les boulevarts extérieurs et le boulevart Mazas jusqu'au pont d'Austerlitz ; là les deux conduites se réuniront de nouveau en un seul tronc de 0^{m}60, qui traversera le pont d'Austerlitz et suivra le boulevart de l'Hôpital. A l'ancienne barrière d'Italie la conduite prendra la direction des boulevarts extérieurs jusqu'à l'ancienne barrière du Maine, où elle rencontrera la conduite de 0^{m}50 du service bas venant des réservoirs de Passy.

Au boulevart Saint-Marcel une conduite de 0^{m}50 sera établie dans un des égouts pour alimenter le plateau du Panthéon. Elle se reliera à la précédente, à l'ancienne barrière du Montparnasse, et complétera ainsi le double service.

Nous ferons le calcul des pertes de charge en faisant les mêmes hypothèses que ci-dessus.

Tableau N° 3

DONNANT LES DIAMÉTRES DES CONDUITES MAITRESSES ET LES ORDONNÉES DE LA COURBE DES PRESSIONS.

D = 0^{m}80.	LONGUEUR du tronçon de conduite maitresse	VOLUME D'EAU RESTANT A DISTRIBUER		PERTE DE CHARGE		ORDONNÉE de la courbe des pressions diminuée de la constante 5 metres.	ALTITUDE MAXIMUM	
		TOTAL.	Litres par 1″	par kilomètre	pour la longueur du tronçon		du sol des maisons qui peuvent être desservies.	reelle du sol à desservir
Départ du reservoir.	»	»	»	»	»	103^{m}00	»	»
De la au boulevart extérieur.	»	»	»	.	»	»	»	»
Ancienne barrière Ménilmontant.	1,700^m	10,000.$^{m.c}$	167	0^{m}25	0^{m}43	102,57	»	»
2 D de 0,60.								
De la au pont d'Austerlitz	3,500	10,000	167	0,25	0,88	101,69	82,69	»
D = 0,60.								
De la au boulevart Saint-Marcel.	500	10,000	167	0,91	0,46	101,23	82,23	partout
D = 0,50.								plus
De la à la barrière d'Italie.	1,100	4,372	73	0,45	0,50	100,73	81,73	petite
De la à la barrière d'Enfer.	1,900	3,287	55	0,28	0,53	100,20	81,20	que
De là à la barrière du Maine.	1,300	2,282	39	0,12	0,16	100,04	81,04	81,00

A cette barrière la conduite aura encore distribué 1,240^{m3} à 18,500 habitants, et il ne restera plus à répartir que 1,042^{m3} d'eau dans la partie haute de Vaugirard, ce qui se fera sans difficulté par le réseau des conduites secondaires.

Le tableau qui précède fait voir qu'il n'y aura pas de service de machines sur la rive gauche.

Nous avons porté sur la carte à 0^{m}60 le diamètre de la deuxième conduite qui suit la rue d'Austerlitz et qui n'est pas immédiatement nécessaire, afin d'éviter les mécomptes qui pourraient résulter du développement de la population et de la modification du diamètre des petites conduites de distribution ; les calculs ci-dessus démontrent que le réseau a déjà une puissance plus que suffisante, et qu'ainsi il pourra supporter un grand développement de population.

C'est en tenant compte des calculs qui précèdent qu'on a tracé les limites du service haut et de celui des machines.

Le tableau n° 2 fait voir que, pour la butte Montmartre, cette limite est à l'altitude 72^{m}86 ; nous avons dit que sur les coteaux de Belleville elle était à l'altitude 84.

Enfin le tableau n° 3 démontre que, sur la rive gauche, il n'y aura pas de service de machines, puisque les points les plus élevés du sol n'atteignent pas l'altitude 81ᵐ. Dans cette partie de Paris, le service sera fait par le réservoir Ménilmontant et par l'effet de la gravité.

SERVICE BAS

Le *service bas* comprendra les parties de la ville dont la désignation suit. (*Voir* les cartes nᵒˢ 1 et 2.)

Répartition de la population.

Rive droite.

	SURFACE EN HECTARES	POPULATION.
1ᵉʳ, 2ᵉ, 3ᵉ et 4ᵉ arrondissements	476	378,700
Une partie du 12ᵉ »	500	39,900
» du 11ᵉ »	260	90,700
» du 10ᵉ »	200	81,000
» du 9ᵉ »	140	73,400
» du 8ᵉ »	270	51,000
» du 16ᵉ »	250	15,800
Totaux	1,896	730,500

Rive gauche.

	SURFACE EN HECTARES	POPULATION.
Une partie du 13ᵉ arrondissement	290	31,000
» du 5ᵉ »	160	76,000
» du 6ᵉ »	170	80,400
» du 7ᵉ »	355	72,800
» du 15ᵉ »	433	37,700
Totaux	1,408	297,900
Reports de la rive droite	1,896	730,500
Erreur de calcul	. . . . .	43,191
Totaux	3,304	1,071,591

Comme le diamètre des conduites de distribution permet l'usage du robinet libre, il convient d'examiner quel système de distribution doit être adopté.

Jusqu'ici les eaux de Seine et de source n'ont été distribuées à Paris qu'avec le robinet de jauge et le réservoir. Avec ce mode de distribution, on perd un des plus grands avantages des eaux de source, la fraîcheur.

Il importe donc que le robinet libre à repoussoir soit toléré au moins dans les appartements: l'expérience prouve que les abus y sont peu à craindre.

Conditions du service. — Volume d'eau à distribuer, 67,000 mètres cubes; 34,000 mètres cubes à robinet libre, 33,000 mètres cubes par robinet de jauge; débit maximum par t. 2,150 litres.

Nous admettrons que le service bas sera établi sur les bases suivantes :

1° Le volume d'eau à distribuer sera égal aux 2/3 du produit des dérivations, soit à 67,000 mètres cubes ;

2° Les distributions d'appartements pourront être faites à robinet libre à la demande des propriétaires ;

3° On suppose que la moitié de l'eau disponible, soit 34,000 mètres cubes, sera distribuée par ce dernier mode, et que par économie et pour réduire le chiffre de leur abonnement, les propriétaires prendront l'autre moitié avec le robinet de jauge et le réservoir. Nous ferons ici la même hypothèse que pour le service haut. Cette seconde moitié sera répartie d'une manière complétement régulière en 60,000 secondes, ce qui donne un débit de 550 litres par 1" ;

4° Le reste de l'eau disponible, soit 34,000 mètres cubes, sera absorbé par la distribution d'appartement ; nous supposerons que la consommation maximum sera égale à quatre fois la consommation moyenne, ce qui portera le débit maximum des conduites maîtresses à 1,600 litres par 1". En résumé, le volume maximum d'eau à distribuer sera 2,150 litres par 1".

La distribution sera faite par le réservoir de Belleville et le compartiment supérieur du réservoir de Passy.

Ce dernier compartiment, qui ne contient que 6,000 mètres cubes, ne peut être considéré que comme un en-cas qui fonctionnera lorsqu'il y aura faiblesse de service dans le voisinage des Champs-Élysées et du pont de l'Alma. Nous verrons d'ailleurs que naturellement le puisage se fera à peu près constamment dans les bassins de Belleville.

Nous admettons cependant, dans les calculs qui vont suivre, que dans les moments de grande dépense Belleville distribuera 60,000 mètres cubes à 960,000 Parisiens, et Passy 7,000 mètres à 112,000 habitants, et que la répartition maximum sera faite en supposant que Belleville fournira :

30,000 m. c. en 60,000", soit	. . . .	500 litres.
30,000 m. c. en 21,600", soit	. . . .	1,400
	Total.	1,900 (1 par 1".

Passy.

3,000 m. c. en 60,000", soit	. . . .	50 litres.
4,000 m. c. en 21,600", soit	. . . .	185
	Total.	235 1 par 1".

Le service du réservoir de Belleville étant fait au départ par deux conduites de 1ᵐ, celui de Passy devra être fait par une conduite de 0ᵐ60 (2).

---

(1) Cette dépense est à peu près trois fois plus grande que la dépense moyenne.

(2) Car, en désignant par D le diamètre des conduites de Belleville, et par d le diamètre de la conduite de Passy, on a

$$\frac{1}{4}\frac{d^2}{D^2} = \frac{235}{1,900}$$

d'où

$$\sqrt{d^2} = \sqrt{D^2} \times \frac{470}{1,900} = \frac{470}{1,900} = 0^m250$$

D'après cela d est compris entre 0m50 et 0m60 ; et comme les diamètres des conduites de la Ville croissent de 10 centimètres en 10 centimètres, c'est évidemment 0m60 qu'il faut adopter.

Les deux conduites de Belleville, d'un mètre de diamètre chacune, resteront vierges jusqu'à l'ancienne barrière de Pantin (*voir* la carte n° 1); là, elles subiront une première perte. Une conduite secondaire s'en détachera et longera le quai Jemmapes pour alimenter 50 hectares du 10ᵉ et les 11ᵉ et 12ᵉ arrondissements, soit une population de 200,000 habitants. Le diamètre de cette première artère est donné par la proportion suivante :

$$\sqrt{d^5} : \sqrt{D^5} :: 200,000 : 960,000.$$

D'où l'on voit que d est compris entre 0ᵐ50 et 0ᵐ60; nous le supposerons égal à 0ᵐ60.

Cette conduite de 0ᵐ60 prenant l'eau nécessaire à 200,000 habitants, les deux conduites maîtresses n'auront plus à en desservir que 760,000.

Elles resteront, du reste, solidaires jusqu'à la rue du Château-d'Eau, où commence réellement la grande distribution.

A partir de là, elles se réduisent à une seule conduite de 1ᵐ10; elles traversent tout Paris, comme on le voit sur la carte n° 1, en suivant le tracé des rues Lafayette, Faubourg-St-Martin et des boulevarts de Strasbourg et de Sébastopol, puis la route d'Orléans jusqu'à l'avenue du Maine.

Le service à faire sur la rive droite se trouve donc très-naturellement divisé en deux parties par les boulevarts de Strasbourg et de Sébastopol.

A l'ouest de cette ligne, la population à desservir s'établit ainsi :

Le reste du 10ᵉ arrondissement . . . . 70,000 habitants.
Partie du 9ᵉ arrondissement . . . . 60,000 »
Et les 1ᵉʳ et 2ᵉ arrondissements . . . . 170,000 »

                    Total . . . . . 300,000 »
A l'est, on trouve les 3ᵉ et 4ᵉ arrondissements ci . . . . 200,000 »
Et sur la rive gauche . . . . 260,000 »

                 Total pareil . . . . . 760,000 »

Nous supposerons que le plan d'eau baissera tous les jours dans le réservoir de Belleville de la hauteur nécessaire pour recevoir le produit de l'aqueduc de dérivation pendant 10 heures de nuit, soit de . . . 1ᵐ50.

Qu'ainsi l'ordonnée de la courbe des pressions au départ sera :

$$83^{m}50 - 1,50 = 82.$$

On a vu que les deux conduites maîtresses resteront vierges jusqu'à l'ancienne barrière de Pantin et qu'elles y débiteront au maximum 1.900 litres par 1″, d'où il résulte pour chacune d'elles une perte de charge de 2ᵐ12 par kilom. La distance du réservoir à la barrière étant de 1,750ᵐ, l'ordonnée de la courbe des pressions sera diminuée de 3ᵐ71 et réduite à 78ᵐ29.

Réservoir de Belleville. Détermination du diamètre des conduites maîtresses principales. Deux conduites de 1 mètre au départ desservant 960,000 habitants

Conduite de 0ᵐ60 du quai Jemmapes desservant 200,000 habitants

A partir de la rue de Strasbourg, les conduites de 1ᵐ distribueront l'eau à 300,000 habitants à l'ouest du boulevart de Sébastopol rive droite, 200,000 à l'est et à 260,000 sur la rive gauche.

Pertes de charge dans les conduites principales. (Voir la carte n° 1. L'ordonnée de la courbe des pressions au départ sera au minimum 82 mètres.

A la jonction de la conduite de 0^{m}60 du quai Jemmapes, les conduites perdront une quantité d'eau déterminée par le rapport des $\sqrt{D^5}$ ou $\frac{1900 \times 0.279}{2} = 265$ litres; chaque conduite d'un mètre, après son entrée dans le vieux Paris débitera donc $\frac{1900 - 265}{2} = 817$ litres qui détermineront une perte de charge de 1^{m}58 par kilom.; par conséquent, sur un trajet de 350 mètres entre l'ancienne barrière et la rue du Faubourg-Saint-Martin, la perte de charge sera de 0^{m}55, et l'ordonnée de la courbe des pressions sera réduite à.. .... 77^{m}74.

Là le diamètre de la conduite Ouest se réduit à 0^{m}92 (conduite actuelle d'eau d'Ourcq). Par conséquent, les conduites se partageront les 1,635 litres à distribuer dans le rapport de $\sqrt{D^5}$.

C'est-à-dire que la conduite Ouest gardera. . 735 litres,
Et la conduite Est................... 900 —

D'où résultera, pour chacune d'elles, une perte de charge de 1^{m}92 par kilom. (1).

La conduite Est aura donc perdu, à son arrivée au boulevart Saint-Denis, pour 1,750^m, 3^{m}36, et par conséquent, l'ordonnée de la courbe des pressions y sera réduite à 74,38.

Comme les pertes de charge sur la conduite de 1^{m}10 du boulevart de Sébastopol sont extrêmement faibles entre le boulevart Saint-Denis et la Seine, on peut considérer cette conduite comme un véritable réservoir où les conduites maîtresses, toutes reliées les unes aux autres par la distribution secondaire, puiseront proportionnellement à $\sqrt{D^5}$.

On voit, sur la carte que le réseau des conduites maîtresses secondaires qui, tant sur la rive droite que sur la rive gauche, puisent directement sur les deux conduites principales dans la partie de Paris dont il s'agit, comprend une conduite de 0^{m}80 (2); une de 0^{m}60, 3 de 0^{m}50, 4 de 0^{m}40, 3 de 0^{m}35, et 2 de 0^{m}30 (3).

La valeur de $\sqrt{D^5}$ pour chacun de ces diamètres est :

Pour une conduite de 0.80. 0,572
   »   de 0.60. 0,279
   »   de 0.50. 0,177
   »   de 0.40. 0,101
   »   de 0.35. 0,073
   »   de 0.30. 0,050

En raison de la solidarité complète de la distribution, les 1,635 litres d'eau à distribuer au maximum par seconde, se répartiront entre les

---

(1) Il y a à la rue de Strasbourg une nouvelle modification de diamètres, mais qui ne change rien aux pertes de charge: deux conduites, l'une de 1^{m}10 et l'autre de 0^{m}80, étant l'équivalent de deux conduites, l'une de 1^m, l'autre de 0^{m}92.

2 Depuis nous avons remplacé cette conduite de 0^{m}80 par deux de 0^{m}60, ce qui ne change rien dans les calculs.

3 On a forcé un peu les diamètres à l'ouest du boulevart de Sébastopol, parce qu'on suppose que la consommation d'eau de source y sera plus grande.

différentes conduites proportionnellement aux nombres qui précèdent. et on trouve facilement, par une simple proportion :

Que la conduite de 0ᵐ80 débitera au maximum. . . 441 litres par 1".
Celle de. . . . 0,60 . . . . 217 »
Une conduite de . 0,50 . . . . 137 »
Une » de . 0,40 . . . . 78 »
Une » de . 0,35 . . . . 57 »
Une » de . 0,30 . . . . 39 »

Au boulevart Saint-Denis, les conduites principales auront perdu, par une conduite de 0ᵐ80, deux de 0ᵐ50 et une de 0ᵐ40 (sans compter le petit service en route qui est négligeable) 793 litres ; de sorte que la conduite de 1ᵐ10 du boulevart de Sébastopol n'aura plus à distribuer au maximum que 842 litres.

La perte de charge sera réduite, par kil., à 1ᵐ06 ; de sorte qu'après un parcours de 503ᵐ à la rue Turbigo, l'ordonnée de la courbe des pressions sera $74,38 - \frac{1,06}{2} = 73,85$.

On trouverait de la même manière :

Qu'à la rue Rivoli cette ordonnée sera. 73,85
Au quai, rive droite. 73,31
Et au quai rive gauche. 73,23

En résumé, les ordonnées de la courbe des pressions dans les conduites principales, depuis les réservoirs de Belleville jusqu'à la rive gauche, seront :

Trop plein du réservoir 83,50
Réservoir abaissé 82,00
Ordonnée minima à l'ancienne barrière de Pantin 78,29
» à la rue Lafayette 77.74
» au boulevart Saint-Denis 74,38
» à la rue Turbigo 73,85
» à la rue Rivoli 73,85
» au quai rive droite 73,31
» au quai rive gauche. 73,23

DES CONDUITES MAITRESSES SECONDAIRES

Nous supposerons, dans les calculs qui vont suivre, que les pertes de charge maximum dans les petites conduites et l'intérieur des maisons, représentent une constante de 7 mètres (1).

1º Distribution à l'ouest du boulevart de Sébastopol.

Dans cette partie de la ville, la distribution se fait par :

Une conduite de 0,80, débitant par 1". . . . . 441 litres.
Une » de 0,50 » 137
Une » de 0,40 » 78
Une » de 0,35 » 57
Une » de 0,30 » 39

Débit total. . . . . 752 litres.

____

1 Savoir : 3ᵐ33 dans les petites conduites publiques, et 3ᵐ67 dans la conduite privée

Comme la densité de la population par tranches perpendiculaires à la direction de ces conduites est sensiblement constante d'une extrémité à l'autre, on peut supposer, sans trop d'erreur, que le volume d'eau à distribuer diminuera proportionnellement à la longueur de la conduite.

En raison de la solidarité de la distribution, on peut se rendre compte des pertes de charge en examinant ce qui se passera sur une seule des lignes maîtresses, par exemple celle de 0m50 des boulevarts.

Tableau N° 4.

LIGNE DE 0m 50 DU BOULEVART DE SÉBASTOPOL A LA MADELEINE.

D = 0m50.	Longueur du tronçon qu'on considère	Volume d'eau maximum par 1" — perdu sur la longueur du tronçon précédent	Volume d'eau maximum par 1" — restant à distribuer	Perte de charge — par kilomètre	Perte de charge — pour la longueur du tronçon	Ordonnée de la courbe des pressions diminuée de la constante de 7m	Altitude maximum — du sol des maisons qui peuvent être desservies	Altitude maximum — [illegible] à desservir
Longueur = 2,350m.								
Longueur de la distribution = 2,700m.								L'altitude
Ordonnée de départ au boulevart Saint-Denis, 74m,38.						67m,38	48m,38	des
De là à la rue Faubourg-Poissonnière.	500m	»	137lit	1m,53	0m,77	66,61	47,61	coteaux
De là à la rue Faubourg-Montmartre.	400	25lit	112	1,05	0.42	66,19	47,19	de la rive
De là à la rue de Richelieu	250	20	92	0,66	0.17	66,02	47,02	droite
De là à la rue Chaussée-d'Antin	500	13	79	0,55	0,28	65,74	46.74	dépasse
De là à la rue des Capucines.	450	25	54	0,28	0,13	65,61	46,61	partout
D = 0m40.								46m54.
De là au boulevart Malesherbes.	250	23	31	0,28	0,07	65,54	46,54	

Ce tableau fait voir que la ligne de séparation des services haut et bas doit être tracée sur les coteaux de la rive droite à une altitude comprise entre **48,38** et **46,54**; pour éviter tout mécompte, nous l'avons tracée à 46m50.

2° Distribution à l'est du boulevart de Sébastopol.

2° A l'est du boulevart de Sébastopol, la limite des deux services est à l'altitude 47, vers la rue du Faubourg-du-Temple, et à l'altitude 45 à Bercy.

Une conduite	de 0,50,	débitant au maximum par 1".	137 litres.
Deux »	de 0,40	»	78
Une »	de 0,35	»	57
Une »	de 0,30	»	39
		Débit maximum total.	311 litres.

Comme dans le tableau qui précède, nous ferons le calcul des pertes de charge pour deux conduites seulement, celle du boulevart et celle du Château-d'Eau, qui se réunissent vers la rue du Temple.

A cette rue, les conduites réunies passent au diamètre 0ᵐ60 et se relient à celle du quai Jemmapes, avec laquelle elles peuvent fonctionner régulièrement, comme le démontre le tableau suivant :

Tableau N° 5.

CONDUITES DE 0ᵐ50 DES BOULEVARTS, DE 0ᵐ40 DE LA RUE DU CHATEAU-D'EAU ET DE 0ᵐ60 DU QUAI JEMMAPES.

Lignes du Boulevart et du Château-d'Eau. $D = 0,50 + 0,40,$ au boulevart de Sébastopol.	LONGUEUR du tronçon qu'on considère	VOLUME D'EAU MAXIMUM PAR 1″ — Perdu dans la longueur du tronçon	VOLUME D'EAU — Restant à distribuer	PERTE DE CHARGE — Par kilomètre	PERTE DE CHARGE — Pour la longueur du tronçon	ORDONNÉE de la courbe des pressions donnée de la constante 7ᵐ	ALTITUDE maximum du sol des rues qui peuvent être desservies	Observations
Ordonnée de la courbe des pressions, 74,38.	»	»	»	»	»	67,38	48,38	D'après les cotes
De là à la rue Faubourg-du-Temple. . .	700	»	213	1,53	1,07	66,31	47,31	de la dernière
Ligne du quai Jemmapes. Diam. 0,60, altitude au départ, à l'anc. barrière 78.29	»	»	»	»	»	»		colonne, la ligne
Altitude diminuée de 7ᵐ, 71.29. . . .	»	»	»	»	»	r		de séparation des
De l'ancienne barrière à la jonction du Boulevart, par la rue Faub.-du-Temple.	2.100	»	265	2,31	4,85	66.44	47,44	services haut et
On voit que les deux systèmes de conduites donnent les mêmes ordonnées et fonctionneront régulièrement ensemble. $D = 0,60 + 0,40.$								bas sera à l'altitude 47ᵐ jusqu'au faubourg du Temple, à l'altitude
De là à la rue des Filles-du-Calvaire. .	500	91	389	2,45	1,23	65,21	46,21	46,90, jusqu'à la
De là à la rue de	350	60	329	1.79	0,63	64,58	45,58	rue Ménilmon-
De là à la rue de	500	44	285	1,33	0,67	63,91	44,91	tant : à 44.50,
De là à la place de la Bastille.	300	76	209	0,75	0,23	63,68	44,68	jusqu'au faubourg
$D = 0,50.$								Saint-Antoine, et
De là au boulevart Mazas.	1.050	130	79	0,55	0,58	63,10	44,10	à 44ᵐ, jusqu'à
De là à l'extrémité de l'avenue du Bois de Vincennes.	1,000	22	57	0,28	0,28	62,82	43,52	Bercy.

3° Distribution de la rive gauche.

Le service de la rive gauche sera fait par une conduite de 0ᵐ60, une de 0ᵐ50, une de 0ᵐ40, et une de 0ᵐ35, débitant ensemble, au maximum, 190 litres.

Considérons seulement la ligne de 0ᵐ60 des quais. (1)

La quantité d'eau à distribuer par cette conduite sera de 0ᵐ217.

Sur les coteaux de la rive gauche la limite des deux services sera tracée à l'altitude 45ᵐ à la Montagne Sainte-Geneviève, et à 43 vers les fortifications, à l'est et à l'ouest.

(1) Si le boulevart Saint-Germain se prolonge avant peu vers l'ouest, cette conduite sera beaucoup mieux placée dans un des égouts de cette voie que dans le collecteur des quais.

Tableau N° 6

CALCUL DES PERTES DE CHARGE, LIGNE DES QUAIS, RIVE GAUCHE

D. = 0ᵐ60.

Longueur, 2,860ᵐ,
Longueur du service 3,000ᵐ.

	LONGUEUR du tronçon qu'on considère	VOLUME D'EAU MAXIMUM PAR 1"		PERTES DE CHARGE		ORDONNÉE de la courbe des pressions diminuée de la constante Zm	ALTITUDE maximum du sol des pics qui peuvent être des servis	Observations
		Perdu dans la longueur du tronçon	Restant à distribuer	Par kilomètre	Pour la longueur du tronçon.			
Altitude au départ boulevart de Sébastopol, rive gauche, 73,23	»	»	»	»	»	66,23	45,28	On voit d'après cela que le service bas devra être limité jusqu'au Luxemb. à l'altitude 45ᵐ. De là aux fortifications à des altitudes qui descendront de 45ᵐ à 43ᵐ.
De là au Pont-Neuf	400	»	217	1,53	0,61	65,62	44,36	
De là à la rue des Saints-Pères . . .	600	29	188	1,20	0,72	64,90	43,64	
De là à la rue du Bac	300	43	145	0,66	0,20	64,70	43,44	
De là à la rue de Bourgogne	800	22	123	0,55	0,44	64,26	43,00	
De là à la rue d'Austerlitz	700	58	65	0,15	0.11	64,15	42,89	

4° Service des Bassins de Passy.

Nous avons dit que les bassins de Passy formeraient une sorte de réserve à l'extrémité du service bas, opposée aux réservoirs de Belleville, pour porter de l'eau dans un cas donné, sur un point où il y aurait faiblesse ou interruption de service.

Ces bassins feront habituellement un petit service et distribueront 7,000 mètres cubes d'eau.

Nous nous bornerons à indiquer sommairement les principales conditions de la distribution.

Le réservoir sera habituellement plein. (*Voir* ci-dessous.)

L'ordonnée de la courbe des pressions au départ sera donc . . 75ᵐ30.

Le volume d'eau à distribuer au maximum sera de 235 litres par 1".

La conduite de 0ᵐ60 de diamètre restera vierge jusqu'à la rue d'Angoulême prolongée sur une longueur de 900 mètres, et perdra en route une charge de 1ᵐ60, ce qui réduit l'ordonnée de la courbe des pressions à. . . . . 73,70.

Les autres pertes de charge seront au plus de. . . . . 9,00.

De sorte que l'ordonnée de la courbe des pressions sera, dans les maisons, au moins de. . . . . 64.70.

Et les points du sol à desservir pourront s'élever à l'altitude. 45,70.

Nous avons dit que le réservoir de Passy serait habituellement plein, et il est facile de le démontrer.

La différence de niveau des deux réservoirs de Passy et de Belleville sera considérable (7 mètres au moins).

La nuit, lorsque le dernier sera plein, et que la consommation diminuera, les bassins de Passy recevront de l'eau, non-seulement par la conduite spéciale de la rue du Château-d'Eau et du boulevart Beaujon, mais encore par la conduite de 0^m50 des boulevarts, et par celle de 0^m60 des quais.

Ils en recevront également de toutes les conduites, dès qu'il y aura diminution dans la consommation. Prenons, par exemple, celle qui subit les plus grandes pertes de charge, celle des quais rive gauche. Il résulte du tableau n° 6 que l'ordonnée minimum de la courbe des pressions correspondant au plus grand débit, est environ 71, et ne diffère que de 4^m30 de l'altitude du trop plein du réservoir de Passy, que la perte de charge totale dans cette conduite maîtresse, depuis les réservoirs de Belleville, est de 11 mètres, et correspond au maximum de consommation, c'est-à-dire à trois fois la consommation moyenne.

D'un autre côté, si l'on considère que les pertes de charge croissent comme les carrés des débits, on reconnaîtra facilement que la conduite maîtresse des quais alimentera abondamment les réservoirs de Passy, tant que la consommation ne s'élèvera pas notablement au-dessus de la moyenne.

A plus forte raison en sera-t-il de même des conduites des boulevarts et de la rue du Château-d'Eau, qui subissent de moins fortes dépressions.

Comme la capacité du réservoir ne dépasse pas 6,000, il sera bientôt plein, lorsque l'eau de ces énormes artères se dirigera de son côté.

Si l'on veut bien se reporter aux tableaux n°ˢ 4, 5 et 6, on verra que les plus grandes pertes de charges aux orifices de distribution les plus éloignés des réservoirs de Belleville sont les suivantes :

Vers le boulevart Malesherbes . . . . 16^m46
Vers la place de la Bastille . . . . 18^m32
A Bercy . . . . 19^m18
Vers l'Hôtel des Invalides . . . . 18^m11

L'expérience donne pour les eaux d'Ourcq des dépressions peu différentes. Ainsi il est reconnu que dans les rues basses éloignées du bassin de la Villette, comme la rue de l'Université, l'eau dans les maisons ne peut dépasser l'altitude 36 (1ᵉʳ étage) aux heures de grande consommation, ce qui correspond à une perte de charge de 16 mètres, à partir du bassin de la Villette.

Les altitudes du sol qui limitent les services haut et bas sont également données par les tableaux n⁰ˢ 4, 5 et 6.

Ces altitudes ne diffèrent pas très-notablement de celles qui limitent aujourd'hui les services d'eau d'Ourq et d'eau de Seine.

Les plus basses de ces altitudes sont :

Rive droite, au boulevart Malesherbes. 46,54
    »   à Bercy 43,82
Rive gauche, à Vaugirard. 42,89

La plus grande pression que les conduites publiques auront à supporter sera donc :

$$108 - 42,89 = 65^{m}11.$$

Cette pression, quoique considérable, n'a cependant rien d'effrayant.

Aujourd'hui la conduite de refoulement de la machine de Saint-Ouen supporte une pression peu différente, qui est d'environ 60 mètres.

PETITE DISTRIBUTION

M. l'Inspecteur général Dupuit a mis la formule de Prony sous une forme très-commode pour déterminer le diamètre et la longueur des petites conduites de distribution, en désignant par

D leur diamètre,

L leur longueur,

Q leur débit par 1″, exprimé en mètres cubes,

H la perte de charge totale, et en supposant le débit uniforme d'une extrémité à l'autre, on a :

$$D^{5} = \frac{1}{3} \cdot \frac{L}{H} \left(\frac{Q}{20} \right)^{2} \quad (1)$$

Nous ferons usage de cette formule dans les calculs qui vont suivre.

Dans le premier projet de distribution des eaux de la Somme-Soude, présenté en 1855, on a déterminé la longueur des petites conduites au moyen de cette formule, en y introduisant la consommation moyenne d'eau par mètre courant de rue ; de sorte qu'on est arrivé à des longueurs indépendantes de la densité de la population.

Cette hypothèse est inadmissible : il est évident que les conduites d'un diamètre déterminé seront plus courtes dans les 1ᵉʳ, 2ᵉ, 3ᵉ et 4ᵉ arrondissements, où la densité de la population est de 630 à 920, que dans le 16ᵉ, où elle est égale à 63.

Le tableau ci-dessous contient les éléments qui nous ont servi à transformer la formule (1). Nous supposons Paris divisé en trois parties, suivant la densité de la population.

Tableau N° 7

	1er, 2e, 3e et 4e arronds	5e, 6e, 9e, 10e et 11e arronds	7e, 8e, 12e, 13e, 14e 15e, 16e, 17e, 18e 19e et 20e arronds
Population totale des arrondissements. . .	378.764	550.300	738.777
Surface totale des arrondissements. . .	476	1.275	5.258
Densité moyenne de la population	795	431	140
Longueur de rue par hectare.	192^m	127	100
Nombre d'habitants par mètre de rue . . .	4.14	3.39	1.40
Dépense d'eau maximum en moyenne pour toutes les rues par hectare et par habitant.	0^{m}000.002	0^{m}000.002	0^{m}000.00092
Id. par mètre de rue	0. 000.008	0. 000.007	0. 000.00129
Dépense maximum par mètre de rue . . .	0. 000.016	0. 000.014	0. 000.0052
Perte de charge maximum totale pour une conduite	3^{m}33	3^{m}33	3^{m}33

Nous avons admis dans ce tableau, comme l'a fait l'auteur du premier projet, que la perte de charge totale, dans une conduite de la petite distribution, est de 3^{m}33, et en outre que la dépense d'eau maxima d'une rue est double de la moyenne de la dépense maxima de toutes les rues pour les deux premières colonnes du tableau, et quadruple pour la troisième.

Il est bien évident, en effet, que le maximum du débit de la conduite d'une rue doit être beaucoup plus grand que le maximum moyen du débit des conduites de toutes les rues.

Reprenons la formule 1); désignons par q le débit maximum par mètre de rue. Il est clair qu'on a $Q = L. q$. Substituant à H et Q leurs valeurs, on obtient les trois formules suivantes pour déterminer les valeurs de L pour chaque diamètre donné :

1er, 2e, 3e et 4e ARRONDISSEMENTS.

$$L^3 = \frac{D^5}{0^m,000,000,000,000,064} \quad (2)$$

5e, 6e, 9e, 10e et 11e ARRONDISSEMENTS.

$$L = \frac{D_5}{0^m,000,000,000,000,049} \quad (3)$$

7e, 8e, 12e, 13e, 14e, 15e, 16e, 17e, 18e, 19e et 20e ARRONDISSEMENTS.

$$L^3 = \frac{D^5}{0^m,000,000,000,000.00057} \quad (4)$$

C'est au moyen de ces trois formules qu'on a dressé le tableau suivant :

Tableau N° 8

LONGUEUR DES CONDUITES DE LA PETITE DISTRIBUTION

	LONGUEUR DES CONDUITES		
	1er, 2e, 3e et 4e arronds	5e, 6e, 9e, 10 et 11e arronds	7e, 8e, 12e, 13e 15e, 16e, 17e, 18e 19e et 20e arronds
Conduite de 0m054 de diamètre.	»	»	420m
» 0.010 »	540m	590m	1.150
» 0.15 »	1.050	1.150	2.280
» 0.20 »	1.700	1.870	3.600
» 0.25 »	2.300	2.700	»

Ces longueurs supposent que les conduites ne sont alimentées que par une de leurs extrémités; or elles le seront généralement par les deux ; elles ont donc surabondance de puissance.

Les longueurs portées dans la 3e colonne s'appliquent à des quartiers encore peu peuplés et dans lesquels la population s'accroîtra, avant peu d'années, dans une forte proportion. Mais, presque partout cet accroissement sera une conséquence de l'ouverture de voies nouvelles, et il sera facile d'augmenter à volonté la puissance de la distribution en y posant des conduites maîtresses qui couperont tout le réseau de la distribution secondaire. C'est ce qu'il sera possible de faire, notamment dans la grande rue de ceinture de la rive gauche, qui, entre la rue militaire et les anciens boulevards extérieurs, divisera la zône suburbaine en deux parties presque égales.

C'est d'après les données du tableau n° 8 qu'on a réglé les longueurs des conduites de la petite distribution et l'écartement des conduites maîtresses.

On voit en effet, sur la carte, que les conduites maîtresses sont beaucoup plus rapprochées les unes des autres dans les 1er, 2e, 3e et 4e arrondissements que dans les 5e, 6e, 9e, 10e et 11e, et dans ces derniers, que dans les 7e, 8e, 12e, etc.

Développement de conduites à poser.

Voici le résumé du métré de l'avant-projet, qui donne la longueur des conduites de tous diamètres à poser.

Il n'est pas possible de poser toutes les nouvelles conduites de distribution avant l'arrivée des eaux de la Dhuis.

Conduite de	0^m10 =	463,134 mètres.
»	0,15	2,175
»	0,20	67,175
»	0,25	18,4.0
»	0,30	17,533
»	0,40	40,600
»	0,50	31,381
»	0,60	26,333
»	0,80	4,744
»	1,00	5.580
»	1,10	7,940
	Longueur totale.	655,205 mètres.

On ne peut songer à poser toutes ces conduites avant l'arrivée des eaux de la Dhuis. En admettant même qu'on pût surmonter toutes les difficultés matérielles d'exécution (ce qui est très-douteux), la gêne intolérable que causerait à Paris l'ouverture d'une aussi grande étendue de tranchées, devrait faire repousser ce système.

Il faut donc chercher un système rationnel d'exécution qui ne présente pas les mêmes inconvénients.

Dans la zone suburbaine il y aura dès l'origine séparation du service privé, qui sera fait en eau de source, et du service public, qui sera fait comme aujourd'hui en eau de Seine.

Comme il n'existe pas, à proprement parler, de services publics sur le réseau actuel des conduites de la zône suburbaine, ce réseau sera affecté tout naturellement à la distribution des nouvelles eaux.

Les services publics seront desservis par le réseau de conduites neuves qui s'exécute en ce moment.

Dès que ce double réseau sera terminé, les services public et privé seront séparés dans la zône suburbaine. L'un sera fait en eau de source, l'autre en eau d'Ourcq ou de Seine.

Dans les quartiers de l'ancien Paris les nouvelles eaux ne pourront être distribuées que dans les rues pourvues d'égouts; les autres rues continueront à être alimentées provisoirement avec les anciennes eaux.

Mais la distribution des eaux de source ne sera pas aussi facile à faire dans l'enceinte de l'ancienne ville; néanmoins les nouvelles eaux se distribueront sans difficulté :

1° *Dans toutes les voies nouvelles ou anciennes où les types d'égout réglementaires ont été établis.* Longueur. . . . . 117,798 mètres.

2° *Dans les rues pourvues d'égouts anciens.* Longueur. . . . . 179,433 »

Mais, avant d'entreprendre la distribution dans chacune de ces dernières rues, il sera indispensable d'examiner si l'égout peut contenir la conduite.

Dans ces deux cas, les services public et privé seront encore séparés comme dans la zône suburbaine, c'est-à-dire que l'un sera fait en eau de source, et l'autre en eau d'Ourcq ou de Seine.

Néanmoins, comme il y aura partout double réseau de conduites, les abonnés resteront libres de donner la préférence aux anciennes eaux.

Mais, dans les rues non pourvues d'égouts, c'est-à-dire dans la moitié des rues de l'ancien Paris, tous les services continueront à être faits avec les anciennes eaux jusqu'à la construction des égouts, ou jusqu'à l'arrivée des eaux d'une nouvelle dérivation qui seraient substituées aux eaux d'Ourcq et de Seine dans la canalisation actuelle.

La construction d'une deuxième dérivation coûterait moins cher que les égouts et aurait l'avantage de donner beaucoup plus promptement de l'eau de source à tout Paris.

Il est très-important de constater qu'il y aurait économie à construire immédiatement la deuxième dérivation. Cette deuxième dérivation pouvant donner 100,000 mètres cubes d'eau de source, pourrait pendant quelque temps, et en attendant la construction des égouts, faire le service du canal de l'Ourcq, c'est-à-dire remplacer les anciennes eaux dans les 200 kilomètres de rues encore dépourvues d'égouts.

La deuxième dérivation et le réservoir destiné à recevoir les eaux, coûteront au plus 23 millions ; les 200 kilom. d'égouts avec la conduite d'eau de source, coûteront à raison de 140 fr. le mètre courant, environ 28,000,000 fr.

Il y a encore d'autres avantages à construire sans délai la deuxième dérivation. En effet, l'exécution des travaux n'exigera pas plus de trois ans, tandis qu'il faudrait au moins sept ans pour construire 200 kilom. d'égouts dans l'ancien Paris, et encore, en marchant aussi vite, on causerait à la circulation des gênes intolérables.

Si donc on veut que dans un délai de cinq à six ans tout le service privé de Paris soit alimenté en eau de source, il faut entreprendre sans délai les travaux d'une nouvelle dérivation.

Il est indispensable de construire les égouts qui doivent contenir les principales conduites maîtresses. Ces égouts sont construits en grande partie dans l'ancien Paris. Indication de ceux restant à faire.

Mais il est indispensable de construire, avant l'achèvement de l'aqueduc de la Dhuis, les égouts qui doivent contenir les principales conduites maîtresses indiquées sur la carte.

Dans l'ancien Paris ces galeries sont construites en grande partie ou en voie d'exécution.

Nous ferons voir d'ailleurs qu'elles peuvent s'exécuter dans toute l'étendue de la ville au moyen des ressources ordinaires du budget ou sur les fonds des voies nouvelles.

Les travaux qu'exigera la distribution des nouvelles eaux doivent, suivant nous, s'exécuter dans l'ordre suivant :

Les travaux de distribution s'exécuteront en trois séries.

1re *Série. — Travaux qui seront exécutés avant l'arrivée des eaux de la Dhuis :* séparation dans la zône suburbaine du service public et du service privé. Dans l'ancien Paris, établissement des conduites d'eau de source dans toutes les rues pourvues d'égouts.

2e *Série.* — Construction d'une deuxième dérivation ; substitution, dans les rues dépourvues d'égout de l'ancien Paris, des eaux de source aux eaux d'Ourcq ou de Seine, aussi bien pour le service public que pour le service privé.

3e *Série.* — Construction des égouts et développement simultané du double service d'eau de source et d'eau d'Ourcq dans les rues aujourd'hui dépourvues d'égout.

Dans l'énumération qui va suivre, et d'après ce qui a été dit ci-dessus, on ne comptera que pour mémoire les travaux d'égouts, lesquels seront construits au moyen des fonds ordinaires du budget ou des crédits spéciaux des voies nouvelles.

Les travaux de la première série, qui doivent être exécutés avant l'arrivée des eaux de la Dhuis, exigeront l'ouverture d'un crédit spécial de 10,000,000 fr.

Ces travaux correspondant à la première série d'exécution, sont (voir la carte) :

1° Galerie de la chaussée de Ménilmontant (ressources affectées à l'amélioration de la zône suburbaine) ;

2° Collecteur du boulevart extérieur entre les anciennes barrières Fontarabie et du Combat (mêmes ressources) ;

3° Galerie rue Lafayette sur **250** mètres environ (budget ordinaire) ;

4° Galerie de la rue du Faubourg-Saint-Martin, entre la rue Lafayette et le boulevart Saint-Denis (budget ordinaire) ;

5° Galerie type, n° 6, dans les rues d'Enfer et d'Italie, entre la place de l'Observatoire et la chaussée du Maine (ressources de la zône suburbaine) ;

6° Égout type, n° 10, des boulevarts extérieurs (mêmes ressources) ;

7° Achèvement du grand égout du boulevart Beaujou, entre le boulevart Malesherbes et la rue Miromesnil, et entre les rues de Courcelles et Faubourg-Saint-Honoré (fonds des voies nouvelles) ;

8° Construction de l'égout type, n° 10, des boulevarts intérieurs, entre le boulevart de Sébastopol et la place de la Bastille (en voie d'exécution, budget ordinaire).

Les ouvrages à construire qui dépendent du service des eaux et exigeront l'ouverture de crédits spéciaux, sont :

1° Le grand réservoir de Ménilmontant, projet présenté, ci. 2,900,000

Conduites maîtresses.

2° Conduites de 1m et de 0m80, de la chaussée Ménilmontant 239,200
3°   »   des boulevarts extérieurs, entre les places du Trône et de l'Étoile. 686,000
4° Une des conduites de 1m, rue Lafayette 57,800
5° Conduite de 1m10, de Sébastopol, depuis la rue de Strasbourg jusqu'à la chaussée du Maine. 1,285,000
6° Conduite de 0m50, du boulevart Malesherbes. 36,000
7°   »   de 0m60, du boulevart intérieur, en voie d'exécution, mémoire . . »   »
8°   »   de 0m60, du boulevart Beaujon. 202,600
9°   »   de 0m50, de la place de la Concorde. 44,700
10°   »   de 0m60, des quais R. G., du pont de l'Alma à Sébastopol. . . 240,900

Petites conduites.

11° Conduites de distribution à poser dans les égouts construits au 31 décembre 1862. 3,309,500

Total. 9,901,700
Somme à valoir pour imprévu. . 998,300

Montant total du crédit spécial à ouvrir pour les travaux de la 1re série. . fr. 10,000,000

L'examen de la carte fait voir tout d'abord que les travaux énumérés ci-dessus permettront d'isoler complétement le service privé de la zone suburbaine, et de l'alimenter exclusivement en eau de la Dhuis.

Quand les conduites maîtresses énumérées ci-dessus seront posées, le service privé de la zone suburbaine sera séparé des services publics et industriels, et les nouvelles eaux pourront être distribuées dans toutes les rues pourvues d'égouts.

En effet, cette partie de la distribution étant dès aujourd'hui séparée de celle des services publics et industriels, il suffira de relier ces principales conduites aux artères maîtresses figurées à la carte, pour que les eaux de la Dhuis y soient substituées aux eaux de la Seine.

Ces dernières eaux continueront à alimenter le réseau du service public et industriel.

Les deux grandes artères qui s'étendent de la place du Trône à celle de l'Étoile, et de la barrière de Pantin à l'avenue du Maine, suffisent pour faire cette transformation, elles passent en effet à peu de distance des réservoirs actuels d'eau de Seine, points de départ de toutes les conduites maîtresses du service privé.

Cette carte permet encore de reconnaître que les lignes maîtresses qui y sont tracées pourront distribuer les eaux de source dans toutes les rues pourvues d'égout.

Les travaux de la deuxième dérivation coûteront au plus 23,000,000 avec le réservoir d'arrivée, et permettront, aussitôt après l'exécution, de donner de l'eau de source à tout Paris.

Travaux de la deuxième série. Les travaux de la deuxième dérivation doivent coûter, d'après les études antérieures, y compris le réservoir d'arrivée des eaux, environ . . . . 23,000,000 fr.

Au moyen des lignes maîtresses tracées sur la carte, les eaux de cette dérivation permettraient de séparer complétement les services haut et bas, et de faire en eaux de source les services publics et privés des rues dépourvues d'égouts.

Tout le service privé pourrait donc être fait en eau de source.

Mais en même temps que le réseau des égouts se développerait, on y poserait les doubles conduites qui doivent séparer les services publics et privés en affectant à ceux-ci les eaux de source, et aux autres les anciennes eaux. C'est ainsi que s'exécuteraient peu à peu les travaux de la troisième série. Il serait facile d'augmenter les crédits ordinaires du budget, de telle sorte que la réserve d'eau considérable dont la Ville disposerait alors fût peu à peu utilisée au fur et à mesure du développement des besoins.

Ces travaux, qui s'exécuteraient dans un délai de quinze à vingt ans et plus, exigeraient une dépense qu'on peut évaluer ainsi :

Montant du détail estimatif ci-joint	21,240,000
Travaux de la 1re série	10,000,000
Reste	11,240,000
Égouts, environ	24,000,000
Dépense totale de la 3e série	35,240,000

Si ces calculs sont exacts, les travaux de dérivation d'eau de source et la distribution de ces eaux, y compris les égouts, coûteront à la Ville :

Dérivation de la Dhuis	14,000,000
Deuxième dérivation et réservoir	23,000,000
Distribution	21,240,000
Égouts	24,000,000
Total	82,240,000

Mais les travaux à exécuter à bref délai se réduiront aux sommes suivantes :

Dérivation	37,000,000
Distribution, travaux de la 1re série	10,000,000
Total	47,000,000

Nous donnons, à la suite du présent Rapport, la nomenclature des rues dans lesquelles il sera posé des conduites de plus de 0^{m}10 de diamètre. Il est entendu que dans toutes les autres rues, les conduites d'eau de source auront 0^{m}10. Cette nomenclature nous dispensera donc de donner des instructions spéciales pour chaque rue à MM. les ingénieurs et à M. l'inspecteur des eaux chargés de la rédaction des projets.

Paris, le 5 Mars 1863.

L'INGÉNIEUR EN CHEF DES EAUX ET ÉGOUTS,

E. BELGRAND.

DIRECTION
du
SERVICE MUNICIPAL
des
Travaux publics

4ᵉ BUREAU.

EAUX DE PARIS.

DISTRIBUTION DE L'EAU
de la DHUIS

TRAVAUX EN 1864

PRÉFECTURE DE LA SEINE.

VILLE DE PARIS.

ARRÊTÉ D'AUTORISATION DE TRAVAUX.

LE SÉNATEUR, PRÉFET DE LA SEINE, Grand Officier de l'Ordre Impérial de la Légion d'honneur,

Vu : 1° les divers règlements et les instructions sur la comptabilité des dépenses communales et sur les travaux des ponts et chaussées;

2° Le détail estimatif présenté par l'Inspecteur général des ponts et chaussées, Directeur du service municipal des travaux publics, le 2 novembre 1863, pour les travaux de distribution dans Paris des eaux de la Dhuis, conduites en fonte et regards à exécuter dans le courant des exercices 1864, 1865 et 1866, par les entrepreneurs des travaux d'entretien aux frais de la série de leur marché diminué du rabais de leur adjudication, dont le total se décompose ainsi :

Dépense prévue . . . . , . . . 6,101,700   » ⎫
                                                    ⎬ 7,100,000   »
Somme à valoir   998,300   » ⎭

Vu la délibération du Conseil municipal en date du 20 novembre 1863, et l'arrêté préfectoral approbatif du 4 décembre dernier;

Vu les procès-verbaux d'adjudication de la fourniture des fontes et des travaux d'entretien de la fontainerie et de la maçonnerie;

ARRÊTE :

ART. 1ᵉʳ. Les travaux qui font l'objet du détail estimatif ci-dessus visé sont autorisés, et l'Inspecteur général, Directeur, est invité à les faire exécuter par les entrepreneurs adjudicataires.

ART. 2. La dépense de ces travaux ne pourra, sans nouvelle autorisation, excéder la somme de deux millions pour l'année 1864.

Elle sera payée aux entrepreneurs, sur états de dépense dûment réglés, par la Caisse des travaux de Paris au compte de la dérivation de la Dhuis.

ART. 3. Tous les ouvrages exécutés par les entrepreneurs en dehors des autorisations régulières demeureront à leur charge personnelle, sans répétition contre l'Administration.

En conséquence, tout excédant de dépense qui n'aura point été autorisé ne pourra être liquidé.

ART. 4. Le Directeur du service municipal des travaux publics est chargé d'assurer l'exécution du présent arrêté, dont une ampliation sera remise à l'ingénieur en chef des eaux et des égouts et au bureau d'ordonnancement.

Fait à Paris, le 5 janvier 1864

Signé : G.-E. HAUSSMANN